四川省工程建设地方标准

四川省回弹法检测砖砌体中砌筑砂浆抗压强度技术规程

Technical Specification for Inspecting of
Masonry Mortar in Baked Brick Compressive by
Rebound Method in Sichuan Province

DBJ51/T050-2015
替代 DBJ20-6-90

主编单位：四川省建筑科学研究院
批准部门：四川省住房和城乡建设厅
施行日期：２０１６年１月１日

西南交通大学出版社

2016 成 都

图书在版编目（CIP）数据

四川省回弹法检测砖砌体中砌筑砂浆抗压强度技术规程 / 四川省建筑科学研究院主编. —成都：西南交通大学出版社，2016.1

（四川省工程建设地方标准）

ISBN 978-7-5643-4500-6

Ⅰ. ①四… Ⅱ. ①四… Ⅲ. ①砖结构－砌块结构－砌筑砂浆－抗压强度－技术规范－四川省 Ⅳ. ①TU364-65

中国版本图书馆 CIP 数据核字（2016）第 008666 号

四川省工程建设地方标准

四川省回弹法检测砖砌体中砌筑砂浆抗压强度技术规程

主编单位　四川省建筑科学研究院

责 任 编 辑	胡晗欣
封 面 设 计	原谋书装
	西南交通大学出版社
出 版 发 行	（四川省成都市二环路北一段 111 号西南交通大学创新大厦 21 楼）
发 行 部 电 话	028-87600564　028-87600533
邮 政 编 码	610031
网　　　　址	http://www.xnjdcbs.com
印　　　　刷	成都蜀通印务有限责任公司
成 品 尺 寸	140 mm × 203 mm
印　　　　张	1.25
字　　　　数	27 千字
版　　　　次	2016 年 1 月第 1 版
印　　　　次	2016 年 1 月第 1 次
书　　　　号	ISBN 978-7-5643-4500-6
定　　　　价	21.00 元

各地新华书店、建筑书店经销

图书如有印装质量问题　本社负责退换

版权所有　盗版必究　举报电话：028-87600562

关于发布四川省工程建设地方标准《四川省回弹法检测砖砌体中砌筑砂浆抗压强度技术规程》的通知

川建标发〔2015〕642号

各市州及扩权试点县住房城乡建设行政主管部门，各有关单位：

由四川省建筑科学研究院修编的《四川省回弹法检测砖砌体中砌筑砂浆抗压强度技术规程》，已经我厅组织专家审查通过，现批准为四川省推荐性工程建设地方标准，编号为：DBJ51/T050-2015，自2016年1月1日起在全省实施。原地方标准《回弹法评定砖砌体中砌筑砂浆抗压强度技术规程》（DBJ20-6-90）于本标准实施之日起同时作废。

该标准由四川省住房和城乡建设厅负责管理，四川省建筑科学研究院负责技术内容解释。

四川省住房和城乡建设厅
2015年9月11日

前 言

本规程是根据四川省住房和城乡建设厅《关于下达2012年四川省工程建设地方标准修订计划的通知》（川建标发〔2012〕5号），由四川省建筑科学研究院会同有关单位共同对原四川省地方标准《回弹法评定砖砌体中砌筑砂浆抗压强度技术规程》DBJ20-6-90进行修订而成的。

本规程在编制过程中，结合我省砖砌体中砌筑砂浆的科研、生产与施工现状，认真总结经验，对检测方法进行了推广至烧结多孔砖砌体的专门试验，参考了国内有关技术标准，在广泛征求意见的基础上，经反复讨论、修改，最后经审查定稿。

本规程共分5章，主要内容包括：总则，术语和符号，回弹仪，检测技术，砂浆抗压强度推定。

本规程修订的主要技术内容是：

1. 规程名称修改为《四川省回弹法检测砖砌体中砌筑砂浆抗压强度技术规程》；

2. 将规程的适用范围从主要适用于烧结普通砖砌体扩大至烧结多孔砖砌体；

3. 对回弹检测后再测碳化深度的测试步骤改为对灰缝砂浆打磨至碳化深度不大于3.0 mm后再进行回弹检测；

4. 重新建立碳化深度不大于 3.0 mm 的砂浆强度推定公式；

5. 对检测的砌筑砂浆抗压强度推定方法作了调整。

本规程由四川省住房和城乡建设厅负责管理，四川省建筑科学研究院负责具体技术内容的解释。执行过程中，如有意见或建议，请寄送至四川省建筑科学研究院（地址：四川省成都市一环路北三段 55 号；邮政编码：610081；E-mail：gongcaisuo@163.com；电话：028-83371983）。

本规程主编单位：	四川省建筑科学研究院
本规程参编单位：	西南科技大学
	成都市建工科学研究设计院
	四川省建业工程质量检测有限公司
	四川省川建工程检测有限责任公司
	成都中砂预拌砂浆有限公司
	四川省第三建筑工程公司
本规程主要起草人：	毛海勇　严　云　彭泽杨　杨晓梅
	叶　勇　姚　勇　齐年平　刘　岗
	邓昭明　李华东　黄煜霖　杨　洪
	李德芳　李新峰　欧　洋　王月明
	张双华　朱万明
本规程主要审查人：	秦　钢　周六光　黄光洪　吕　萍
	梁　卫　张家国　王　锦

目 次

1 总则 ·· 1
2 术语和符号 ·· 2
　2.1 术语 ··· 2
　2.2 符号 ··· 2
3 回弹仪 ··· 4
　3.1 技术要求 ·· 4
　3.2 检定 ··· 4
　3.3 保养 ··· 5
4 检测技术 ··· 7
　4.1 一般规定 ·· 7
　4.2 碳化深度测量 ··· 8
　4.3 回弹值检测与计算 ··· 8
5 砂浆抗压强度推定 ·· 10
　5.1 砂浆强度数据分析 ··· 10
　5.2 强度推定 ··· 11
本规程用词说明 ·· 15
引用标准名录 ·· 17
附：条文说明 ·· 19

Contents

1 General provisions ·· 1
2 Terms and symbol ·· 2
   2.1 Terms ··· 2
   2.2 Symbol ·· 2
3 Rebound hammer ·· 4
   3.1 Technical requirement ································ 4
   3.2 Verification ·· 4
   3.3 Maintenance ·· 5
4 Testing technology ··· 7
   4.1 General requirement ···································· 7
   4.2 Carbonation depth measurement ···················· 8
   4.3 Rebound value measurement and calculate ·········· 8
5 Determination of compressive strength of mortar ········ 10
   5.1 Compressive strength data analysis of mortar ····· 10
   5.2 Determination of compressive strength ············· 11
Explanation of Wording in this Specification ················ 15
List of quoted standards ·· 17
Addition: Explanation of provisions ··························· 19

1 总　则

1.0.1 为统一回弹法检测砖砌体中砌筑砂浆抗压强度的方法，保证检测精度，制定本规程。

1.0.2 本规程适用于四川地区烧结普通砖、烧结多孔砖砌体中砌筑砂浆抗压强度（以下简称砂浆强度）的检测，不适用于高温、长期浸水，或遭受冰冻、化学侵蚀、火灾等砂浆强度的检测。

1.0.3 使用回弹法进行检测的人员，应通过专门的技术培训。

1.0.4 回弹法检测砂浆强度除应符合本规程外，尚应符合国家现行有关标准的规定。

2 术语和符号

2.1 术 语

2.1.1 检测单元 test unit

每一楼层且总量不大于 250 m³ 的材料品种和设计强度等级均相同的砌体。

2.1.2 测区 test area

在每一检测单元内,随机布置的一个或若干个检测区域。

2.1.3 测位 test position

在一个测区内,随机布置的一个或若干个检测位置。

2.1.4 测点 test point

在一个测位内,随机布置的一个或若干个回弹检测点。

2.1.5 测位砂浆强度换算值 conversion value of mortar compressive strength of test position

由测位的平均回弹值通过测强公式计算得到的现龄期测位砂浆强度值。

2.2 符 号

f_{2ij}——第 i 个测区第 j 个测位的砂浆强度换算值;

f_{2i}——第 i 个测区砂浆强度值;

f_{2m}——同一检测单元砂浆强度平均值;

f'_2——同一检测单元砂浆强度推定值；

$f_{2i,\min}$——同一检测单元，测区砂浆强度的最小值；

n_1——同一测区的测位数；

n_2——同一检测单元测区数；

R_m——第 i 个测区第 j 个测位的平均回弹值；

S——同一检测单元砂浆强度标准差。

3 回弹仪

3.1 技术要求

3.1.1 回弹仪应具有产品合格证及计量检定证书，并应在回弹仪的明显位置上标注名称、型号、制造厂名、商标、出厂编号等。

3.1.2 回弹仪除应符合现行国家标准《回弹仪》GB/T 9138 的规定外，尚应符合下列规定：

  1 水平弹击时，在弹击锤脱钩瞬间，回弹仪的标称动能应为 0.196J；

  2 在弹击锤与弹击杆碰撞的瞬间，弹击拉簧应处于自由状态，且弹击锤起跳点应位于指针指示刻度尺上的"0"处；

  3 回弹仪指针摩擦力为（0.50±0.10）N；

  4 弹击杆端部球面半径为（25.0±1.0）mm；

  5 在洛氏硬度 HRC 为 60±2 的钢砧上，回弹仪的率定值应为 74±2。

3.1.3 回弹仪使用时的环境温度应为 −4 ℃ ~ 40 ℃。

3.2 检 定

3.2.1 回弹仪检定周期为半年，当回弹仪具有下列情况之一时，应由法定计量检定机构按现行行业标准《回弹仪》JJG 817 进行检定：

  1 新回弹仪启用前；
  2 超过检定有效期限；
  3 经保养后，在钢砧上的率定值不合格；
  4 遭受可能影响其测试精度的损害时。
3.2.2 回弹仪的率定试验应符合下列规定：
  1 率定试验应在室温为 5 ℃～35 ℃ 的条件下进行；
  2 钢砧表面应干燥、清洁，并应稳固地平放在刚度大的物体上；
  3 回弹值应取连续向下弹击 3 次的稳定回弹结果的平均值；
  4 率定试验应分 4 个方向进行，且每个方向弹击前，弹击杆应旋转 90°，每个方向的回弹平均值均应为 74±2。
3.2.3 回弹仪率定试验所用的钢砧应每 2 年送法定计量检定机构检定或校准。

3.3 保 养

3.3.1 当回弹仪存在下列情况之一时，应进行保养：
  1 回弹仪弹击超过 2 000 次；
  2 在钢砧上的率定值不合格；
  3 对检测值有怀疑。
3.3.2 回弹仪的保养应按下列步骤进行：
  1 先将弹击锤脱钩，取出机芯，然后卸下弹击杆，取出里面的缓冲压簧，并取出弹击锤、弹击拉簧和拉簧座；
  2 清洁机芯各零部件，并应重点清理中心导杆、弹击锤和弹击杆的内孔及冲击面，清理后，应在中心导杆上薄薄地涂抹钟表油，其他零部件不得抹油；

　　3 清理机壳内壁，卸下刻度尺，检查指针，其摩擦力应为 0.40 N ~ 0.60 N；

　　4 保养时，不得旋转尾盖上已定位紧固的调零螺丝，不得自制或更换零部件；

　　5 保养后应按本规程第 3.2.2 条的规定进行率定。

3.3.3 回弹仪使用完毕，应使弹击杆伸出机壳，清除弹击杆、杆前端球面以及刻度尺表面和外壳上的污垢、尘土。回弹仪不用时，应将弹击杆压入机壳内，经弹击后按下按钮，锁住机芯，然后装入仪器箱。仪器箱应平放在干燥阴凉处。

4 检测技术

4.1 一般规定

4.1.1 采用回弹法检测砖砌体中砂浆强度时，宜收集下列资料：
1 工程名称，设计、施工、监理及建设单位名称；
2 被检测工程的图纸、施工验收资料；
3 砖、砂浆品种及配制砂浆的原材料资料；
4 砂浆设计强度等级和配合比；
5 砌筑日期；
6 环境条件，包括结构位于地上或地下，有无长期遭受浸水、冻害、高温、腐蚀及其他自然灾害等情况；
7 检测原因。

4.1.2 回弹仪在检测前后，均应在钢砧上做率定试验，并应符合本规程第3.1.2条的规定。

4.1.3 检测前，应检查砌筑砂浆质量，水平灰缝内部的砂浆与其表面的砂浆质量应基本一致且应处于自然干燥状态。

4.1.4 每一检测单元中应随机选择不少于6个测区，应将单个构件（单片墙体、柱）作为1个测区。当1个检测单元不足6个构件时，应将每个构件作为1个测区。

4.1.5 每一测区应随机布置不少于10个测位。测位宜选择在承重墙的可测面上，并应避开门窗和预埋铁件等附近的墙体。每一测位面积宜为 $0.2 m^2 \sim 0.3 m^2$。

4.1.6 测位处的饰面层、粉刷层、勾缝砂浆、浮浆等，应清除干净，待水平灰缝砂浆暴露后，应打磨平整并除去浮灰。

4.2 碳化深度测量

4.2.1 测区砂浆经打磨后，应在每一测位内选择 1 处水平灰缝测量其碳化深度。

4.2.2 碳化深度值的测量应符合下列规定：

    1 采用工具在回弹测试面上取出约 10 mm × 10 mm × 10 mm 大小的砂浆试样；

    2 采用浓度为 1%～2%的酚酞酒精溶液滴在试样上，当已碳化与未碳化界线清晰时，采用游标卡尺测量已碳化与未碳化砂浆交界面到灰缝表面的垂直距离作为检测结果，读数应精确至 0.5 mm。

4.2.3 当每一测位的碳化深度值均不大于 3.0 mm 时，方可进行回弹测试；当测位的碳化深度值大于 3.0 mm 时，应继续打磨直至碳化深度值不大于 3.0 mm。

4.3 回弹值检测与计算

4.3.1 每一测位应均匀布置 12 个测点。选定测点应避开竖向灰缝的边缘、灰缝中的气孔或松动的砂浆。相邻两测点的间距不应小于 20 mm。

4.3.2 每个测点应使用回弹仪连续弹击 3 次，第 1、2 次不读数，仅记读第 3 次回弹值，回弹值读数应估读至 1。

4 3.3 每个测点连续 3 次弹击时,回弹仪的轴线应垂直于砂浆检测面,应始终处于水平状态,且不得移位,并应缓慢施压、准确读数、快速复位。

4.3.4 单个测位回弹值,应从测位的 12 个回弹值中分别剔除一个最大值、一个最小值,然后取余下 10 个回弹值的平均值 R_m,并应精确至 0.1。

5 砂浆抗压强度推定

5.1 砂浆强度数据分析

5.1.1 本规程的砂浆强度计算公式(5.1.2)适用于下列条件的砂浆：

    1 砂浆强度为 3.0 MPa～20.0 MPa；

    2 自然养护；

    3 龄期为 28 d 及 28 d 以上。

5.1.2 第 i 个测区第 j 个测位的砂浆强度换算值 f_{2ij}，应根据所求得的平均回弹值 R_m 按下式计算：

$$f_{2ij} = 0.52 e^{0.13 R_m} \qquad (5.1.2)$$

式中 f_{2ij}——第 i 个测区第 j 个测位的砂浆强度换算值（MPa），精确至 0.1 MPa。

5.1.3 第 i 个测区的砂浆强度值 f_{2i}，应按下式计算：

$$f_{2i} = \frac{1}{n_1} \sum_{j=1}^{n_1} f_{2ij} \qquad (5.1.3)$$

式中 f_{2i}——第 i 个测区的砂浆强度值（MPa），精确至 0.1 MPa；

    n_1——同一测区的测位数。

5.1.4 每一检测单元的砂浆强度平均值 f_{2m}、标准差 S 应按下列公式计算：

$$f_{2m} = \frac{1}{n_2}\sum_{i=1}^{n_2} f_{2i} \qquad (5.1.4\text{-}1)$$

$$S = \sqrt{\frac{1}{n_2-1}\sum_{i=1}^{n_2}(f_{2m}-f_{2i})^2} \qquad (5.1.4\text{-}2)$$

式中 f_{2m}——同一检测单元的砂浆强度平均值（MPa），精确至 0.1 MPa；

S——同一检测单元的砂浆强度标准差（MPa），精确至 0.01 MPa；

n_2——同一检测单元的测区数。

5.2 强度推定

5.2.1 检测数据中的歧离值和统计离群值，应按现行国家标准《数据的统计处理和解释 正态样本离群值的判断和处理》GB/T 4883 中有关格拉布斯检验法或狄克逊检验法检出和剔除。检出水平 α 应取 0.05，剔除水平 α 应取 0.01；不得随意舍去歧离值，从技术或物理上找到产生离群原因时，应予剔除；未找到技术或物理上的原因时，不应剔除。

5.2.2 对在建或新建砌体工程，当需要推定砂浆强度值时，可按下列公式计算：

1 当测区数 n 不小于 6 时，应取下列公式中的较小值：

$$f_2' = 0.91 f_{2m} \qquad (5.2.2\text{-}1)$$

$$f_2' = 1.18 f_{2i,\min} \qquad (5.2.2\text{-}2)$$

式中　f'_2——同一检测单元砂浆强度推定值（MPa），精确至 0.1 MPa；

　　　$f_{2i,\min}$——同一检测单元，测区砂浆强度的最小值（MPa），精确至 0.1 MPa。

2 当测区数 n 小于 6 时，可按下式计算：

$$f'_2 = f_{2i,\min} \tag{5.2.2-3}$$

5.2.3 对既有砌体工程，当需要推定砂浆强度值时，应符合下列要求：

1 按国家标准《砌体工程施工质量验收规范》GB 50203-2002 及之前实施的砌体工程施工质量验收规范的有关规定修建的工程，应按下列公式计算：

　1）当测区数 n 不小于 6 时，应取下列公式中的较小值：

$$f'_2 = f_{2m} \tag{5.2.3-1}$$

$$f'_2 = 1.33 f_{2i,\min} \tag{5.2.3-2}$$

　2）当测区数 n 小于 6 时，可按下式计算：

$$f'_2 = f_{2i,\min} \tag{5.2.3-3}$$

2 按《砌体结构工程施工质量验收规范》GB 50203-2011 修建的工程，可按本规程第 5.2.2 条的规定推定砂浆强度值。

5.2.4 当砌筑砂浆强度检测结果小于 3.0 MPa 或大于 20.0 MPa 时，不宜给出具体检测值，可仅给出检测值范围砌筑砂浆强度值小于 3.0 MPa 或大于 20.0 MPa。

5.2.5 砌筑砂浆强度的推定值，相当于被测墙体所用块体作底模的同龄期、同条件养护的砂浆试件强度。

5.2.6 砂浆强度的最终计算或推定结果应精确至 0.1 MPa。

5.2.7 检测报告至少应包括下列内容：

  1 建设单位、设计单位、监理单位和施工单位名称；

  2 工程名称、施工日期；

  3 砖材名称、设计要求的砂浆强度等级；

  4 测区名称或编号；

  5 检测结果；

  6 检测日期及报告日期；

  7 出具报告的单位名称和检测人、校核人、批准人。

本规程用词说明

1 为便于在执行本规程条文时区别对待，对于要求严格程度不同的用词说明如下：

1）表示很严格，非这样做不可的：
正面词采用"必须"；反面词采用"严禁"。

2）表示严格，在正常情况下均应这样做的：
正面词采用"应"；反面词采用"不应"或"不得"。

3）表示允许稍有选择，在条件许可时首先应这样做的：
正面词采用"宜"；反面词采用"不宜"。

4）表示有选择，在一定条件下可以这样做的，采用"可"。

2 条文中指明应按其他有关标准执行的写法有："应按……执行"或"应符合……的规定（或要求）"。

引用标准名录

1 《砌体工程施工质量验收规范》GB 50203（2002年版）
2 《砌体结构工程施工质量验收规范》GB 50203
3 《砌体工程现场检测技术标准》GB/T 50315
4 《数据的统计处理和解释正态样本离群值的判断和处理》GB/T 4883
5 《回弹仪》GB/T 9138
6 《回弹仪》JJG 817

四川省工程建设地方标准

四川省回弹法检测砖砌体中砌筑砂浆
抗压强度技术规程

DBJ51/T050-2015
替代 DBJ20-6-90

条 文 说 明

目　次

1　总　则 ·· 23
3　回弹仪 ·· 24
　　3.1　技术要求 ··· 24
　　3.2　检　定 ··· 25
　　3.3　保　养 ··· 26
4　检测技术 ·· 27
　　4.1　一般规定 ··· 27
　　4.2　碳化深度测量 ··· 28
　　4.3　回弹值检测与计算 ·· 28
5　砂浆抗压强度推定 ·· 29
　　5.1　砂浆强度数据分析 ·· 29
　　5.2　强度推定 ··· 30

1 总　则

1.0.1 砌体工程的现场检测是进行可靠性鉴定和新建工程砌体质量问题处理的基础，我省从20世纪60年代开始不断地进行砖砌体中砌筑砂浆抗压强度的研究，积累了丰硕的成果和经验。1990年原四川省建设委员会批准四川省地方标准《回弹法评定砖砌体中砌筑砂浆抗压强度技术规程》DBJ20-6-90（以下简称原规程），这是国内首创的一项砌体现场检测技术。20多年来，省内外有关单位执行该规程取得了较好的社会效益。本次修订对上一版标准颁布实施以来各科研、施工、检测等单位使用该标准的经验进行总结，并结合检测技术的最新情况，对部分检测步骤和使用范围进行了调整。保证检测精度是本规程修订的目的。

1.0.2 本规程是以烧结普通砖、烧结多孔砖为块材的砌体中砌筑砂浆回弹测强方法。由于未对经受高温或长期浸水，或遭受冰冻、化学侵蚀、火灾等情况的砖砌体中砂浆强度检测进行专门研究，故不适用。

1.0.3 由于本规程规定的方法是处理砂浆质量问题的依据，若不进行专门的技术培训，则会对同一构件砂浆强度的推定结果存在着因人而异的混乱现象，因此本条规定，凡从事本项检测的人员应经过培训并持有相应的资格证书。

1.0.4 凡本规程涉及的其他有关方面，例如高空、深坑作业时的安全技术和劳动保护等，均应遵守相应的标准和规范。

3 回弹仪

3.1 技术要求

3.1.1 由于回弹仪为计量仪器，因此在回弹仪明显的位置上应标明名称、型号、制造厂名、商标、生产编号及生产日期。

3.1.2 回弹仪的质量及测试性能直接影响强度推定结果的准确性。根据多年对回弹仪的测试性能试验研究，编制组认为：回弹仪的标准状态是统一仪器性能的基础，是使回弹法广泛应用于现场的关键所在；只有采用质量统一、性能一致的回弹仪，才能保证测试结果的可靠性，并能在同一水平上进行比较。在此基础上，提出了下列回弹仪标准状态的各项具体指标：

1 水平弹击时，弹击锤脱钩的瞬间，回弹仪的标准能量 E，即回弹仪弹击拉簧恢复原始状态所做的功为：

$$E = \frac{1}{2}KL^2 = \frac{1}{2} \times 69.689 \times 0.075^2 = 0.196 \text{ J}$$

式中 K——弹击拉簧的刚度（N/m）；

L——弹击拉簧工作时拉伸长度（m）。

2 弹击锤与弹击杆碰撞瞬间，弹击拉簧应处于自由状态，此时弹击锤起跳点应相应于刻度尺上的"0"处，同时，弹击锤应在相应于刻度尺上的"100"处脱钩，也即在"0"处起跳。

试验表明，当弹击拉簧的工作长度、拉伸长度及弹击锤的起跳点不符合以上规定的要求，即不符合回弹仪工作的标准状态时，则各仪器在同一等级砂浆上测得的回弹值的极差很大。

3 检验回弹仪的率定值是否符合 74±2 的作用是：检验回弹仪的标准能量是否为 0.196 J，回弹仪的测试性能是否稳定，机芯的滑动部分是否有污垢等。

当钢砧率定值达不到 74±2 范围内时，不允许用砂浆试块上的回弹值予以修正，更不允许旋转尾盖调零螺丝人为地使其达到率定值。试验表明，上述方法不符合回弹仪测试性能，破坏了零点起跳亦即使回弹仪处于非标状态。此时，可按本规程第 3.3 节的要求进行常规保养，若保养仍不合格，可送检定单位检定。

3.1.3 环境温度异常时，对回弹仪的性能有影响，故规定了其使用时的环境温度。

3.2 检 定

3.2.1 本条指出，检定回弹仪的单位应由主管部门授权，并按照国家计量检定规程《回弹仪》JJG 817 进行。开展检定工作要备有回弹仪检定器、拉簧刚度测量仪等设备。目前有的地区或部门不具备检定回弹仪的资格和条件，甚至不了解回弹仪的标准状态，存在通过调整调零螺丝以使其钢砧率定值达到 74±2 的错误做法；有的没有检定设备也开展检定工作，影响了回弹法的正确推广使用。因此，有必要强调检定单位的资格和统一检定回弹仪的方法。

目前，回弹仪生产不能完全保证每台新回弹仪均为标准状态，因此新回弹仪在使用前必须检定。回弹仪检定期限为半年，这样规定比较符合我国目前使用回弹仪的情况。

3.2.2 本条给出了回弹仪的率定方法。

3.2.3 钢砧的钢芯强度和表面状态会随着弹击次数的增加而变化，故参照《回弹法检测普通混凝土抗压强度技术规程》JGJ/T 23，规定钢砧应每两年校验一次。

3.3 保 养

3.3.1 本条主要规定了回弹仪常规保养的要求。

3.3.2 本条给出了回弹仪常规保养的步骤。进行常规保养时，必须先使弹击锤脱脱钩后再取出机芯，否则会使弹击杆突然伸出造成伤害。取机芯时要将指针轴向上轻轻抽出，以免造成指针片折断。此外各零部件清洗完后，不能在指针轴上抹油。否则，使用中由于指针轴的污垢，将使指针摩擦力变化，直接影响了检测结果。

3.3.3 回弹仪每次使用完毕后，应及时清除表面污垢。不用时，应将弹击杆压入仪器内，必须经弹击后方可按下按钮锁住机芯，如果未经弹击而锁住机芯，将使弹击拉簧在不工作时仍处于受拉状态，极易因疲劳而损坏。存放时回弹仪应平放在干燥阴凉处。如存放地点潮湿将会使仪器锈蚀。

4 检测技术

4.1 一般规定

4.1.1 本条列举的 1~6 项资料,是为了对被检测的构件有全面、系统的了解。

4.1.2 本条是为了保证在使用中及时发现和纠正回弹仪的非标准状态。

4.1.3 墙体表面的砂浆往往失水较快,强度低。当水平灰缝内部的砂浆与其表面的砂浆质量不一致时,会影响检测结果而造成误判;由于测强曲线建立时砂浆处于自然干燥状态,故规定检测时砂浆也应处于自然干燥状态。

4.1.4 由于回弹法测试具有快速、简便的特点,能在短期内进行较多数量的检测,以取得代表性较高的总体砌筑砂浆强度数据。故规定:以 250 m^3 砌体或每一层品种相同,强度等级相同的砂浆为一个检测单元,不足 250 m^3 的砌体按 250 m^3 计算,基础工程按一个取样单位计算。

此外,抽取试样应严格遵守"随机"的原则,并宜由建设单位、监理单位、施工单位会同检测单位共同商定抽样的范围、数量和方法。

4.1.5 砌体灰缝砂浆的强度受到的影响因素比试件多而复杂,加之砂浆本身的匀质性差,因而造成回弹值的离散较大。为尽可能地减少其测试误差,因此必须加大测位数,每一测区的回弹测位数不应少于 10 个。

4.1.6 砌体灰缝被测处平整与否，对回弹值有较大的影响，故要求用扁砂轮或其他工具进行仔细打磨至平整。

4.2 碳化深度测量

4.2.3 墙体表面的砂浆往往失水较快，强度低。将灰缝砂浆打磨至碳化深度不大于 3.0 mm 后再进行回弹检测，能够检测出接近墙体核心区的砂浆强度，减小了碳化因素对砂浆强度的影响。通过对表层砂浆打磨后碳化深度的测量，可将打磨程度进行量化，实际检测过程中更易于控制。经打磨后，若砂浆灰缝不满足回弹测试条件，应选用其他方法进行检测。

4.3 回弹值检测与计算

4.3.1 本条规定了测位中测点的布置原则。

4.3.2 在常用砂浆的强度范围内，每个测点的回弹值随着连续弹击次数的增加而逐步提高，经第 3 次弹击后，其提高幅度趋于稳定。如果仅弹击 1 次，读数不稳，且对低强砂浆，回弹仪往往不起跳；弹击 3 次与 5 次相比，回弹值约低 5%。由此选定：每个测点连续弹击 3 次，仅读第 3 次的回弹值。测强回归公式亦按此确定。

4.3.3 检测时应注意回弹仪的轴线要始终垂直于砂浆检测面，且不得移位，并应缓慢施压，不得冲击，否则回弹值读数不准确。

4.3.4 计算时采用稳健统计，去掉 1 个最大值、1 个最小值，以 10 个弹击点的算术平均值作为该测位的有效回弹测试值。

5 砂浆抗压强度推定

5.1 砂浆强度数据分析

5.1.1 本条规定了测强公式的适用条件，不得外推。

5.1.2 本次修订时，分别以烧结普通砖和水泥砂浆、烧结多孔砖和水泥砂浆、烧结多孔砖和预拌砂浆砌筑试验墙，对砌体中的砂浆进行回弹及碳化深度测试，并做了砂浆的抗压强度试验，得到34组实测回弹值-碳化深度值-抗压强度数据。查阅原标准相关研究资料，并对本次所得的数据进行显著性分析，结果表明，不同品种砖（烧结普通砖与烧结多孔砖）对回弹法检测砂浆强度没有显著影响；碳化深度不大于 3.0 mm 时，碳化深度值对回弹法检测砂浆强度没有显著影响；不同品种的砂浆对回弹法检测砂浆强度没有显著影响。最后，对34组实测回弹值-抗压强度数据按照最小二乘法进行回归分析，建立了适用于四川地区烧结普通砖、烧结多孔砖砌体中砌筑砂浆抗压强度的回弹测强公式：$f_2 = 0.52e^{0.13R_m}$，其相关系数为 0.93，平均相对误差为 16.4%，相对标准差 19.7%，满足精度要求。

构件的每一测位的砂浆强度换算值，是由该测位的平均回弹值按测强公式计算得出，此条给出了测位砂浆强度的计算方法。

5.1.3 此条给出了每一测区砂浆强度的计算方法。

5.1.4 此条给出了每一检测单元砂浆强度平均值、标准差的计算方法。

5.2 强度推定

5.2.1 异常值的检出和剔除宜以测区为单位，对其中的每一测区的检测值进行统计分析。

5.2.2～5.2.3 为与《砌体结构工程施工质量验收规范》GB 50203-2011 保持协调，本规程对按照不同施工验收规范施工的砌体工程采用不同的砂浆强度推定方法。